JN172151

人生を間違えないための

大人の確率ドリル

夏目書房新社

はじめに

確率論の生みの親は、「人間は考える葦(あし)である」の言葉で有名なフランスの哲学者、数学者のフレーズ・パスカル（1623-1662）です。発端は、ギャンブル好きの貴族がパスカルにした質問でした。サイコロを使った勝負で掛け金の配当をいかに分配するのが公平か？　パスカルが往復書簡で話しあった相手が「フェルマーの最終定理」で有名なピエール・ド・フェルマー（1607もしくは1608－1665）です。この２人の議論から生まれたのが確率論です。

ギャンブルから端を発したこと自体、確率は身近な存在であることを物語っています。ひとたび、確率の考え方がわかると身のまわりは確率であふれていることがわかってきます。サイコロを使ったゲームをはじめとするギャンブル、降水確率のアメダス、さらには保険、金融、投資といった分野にまで確率論は応用されています。私たちの現代社会は高度に発達した確率論に支えられていると言っても過言ではありません。そして、一人一人の人生が確率に囲まれています。出生、受験、出会い、事故、病気……。

確率を知ることは社会と人生にとって大きなプラスとなります。しかし、確率の計算は独特な面倒さを伴うため、すぐに確率をものにすることは容易ではありません。物事の背後にある目に見えない事象を正確に把握することの難しさに起因します。

確率の計算にはそれなりのトレーニングが必要になります。本書は誰もが興味の持てる問題をセレクトしました。楽しみながら確率の世界の理解を深めていくことができます。

本書を通して確率のエッセンスを身につけるこ

とができたなら、身のまわりを確率の眼差しで眺めることができるようになります。ひいては身に降りかかるリスクを減らしたり、未来の選択により良い指針を得られたりすることにもつながることでしょう。

未来を知ることは難しいです。それでも限りある命を全うしたいと願う私たちは、未来を知りたいと願います。アメダスから保険まで、確率を知ることは人生にとって大きな武器となります。本書を通して多くのみなさんに確率の世界を知ってもらえることを願っています。

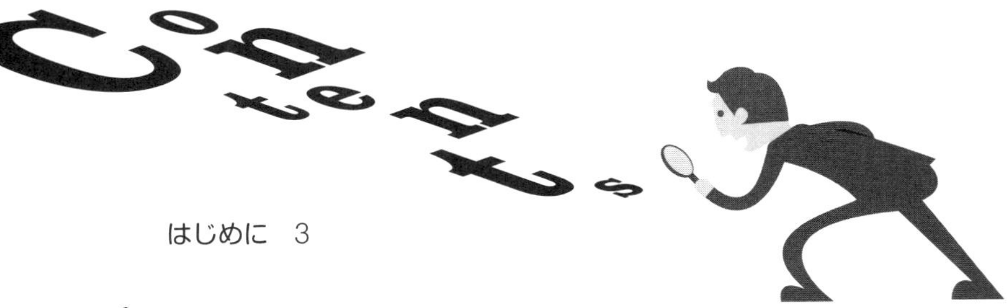

LEVEL 1

LEVEL 2

LEVEL 3

LEVEL 4

LEVEL 5

Column
統計の雑学

大人の確率ドリル

LEVEL 1

Question 1

安全な空の旅

問題

学生時代の仲間と酒を飲んでいたとき。あなたが「海外旅行に行きたいな」と言ったところ、別々の航空会社に勤める2人の友人が次のように言いました。

航空会社Ａの友人「うちの会社の飛行機がオススメだよ。安全性はピカイチ。なにしろ、事故に遭うのは1000回に1回だけだ」

航空会社Ｂの友人「いやいや、安全性ならわが社の飛行機も負けてないぞ。99%事故に遭わないんだからな」

さて、どちらの飛行機に乗った方が安全でしょうか？

Question

Answer

Question 1 の

解答

航空会社Aの飛行機の方が安全

解説

航空会社Aが事故を起こすのは1000回に1回の割合ですので、確率は0.1%。

一方、航空会社Bは99%安全ということですから、事故確率は1%です。つまり航空会社Bは航空会社Aに比べて10倍も事故に遭う確率が高いことになります。

Question 2

勝負は 勝つか負けるか

問題

サッカーのワールドカップ予選リーグ最終戦。決勝トーナメントへ進むには勝つしかない日本代表の相手は、強豪のスペイン代表。ファンのひとりが「勝つのは難しいかも……」とぼそりとつぶやくと、応援団長が叫びました。

「大丈夫！　どうせ勝負なんて勝つか負けるかの2つに1つだろ。だったら勝つ確率は1/2で、相手とまったく同じ条件じゃないか！」

応援団長の言ったことは、本当に正しいのでしょうか。

Answer

Question 2 の

解答

正しくない

解説

勝負ごとには勝つか負けるかの2通りしかないとはいえ、勝つ確率が1/2というのはあきらかにおかしいことがわかります。

これは前提となる条件にかたよりがあることを無視しているためです。コイン投げをした時に表の出る確率が1/2になるのは、表と裏の出方にかたよりがないことが前提になっています。

問題の確率は、サイコロ1個を投げた時に「5の目は出るか出ないかの2つに1つだから、5の目が出る確率は1/2だ」と言っているのと同じこと。かたよりのないサイコロなら5の目が出る確率は1/6、5の目が出ない確率は5/6です。

Question 3

宝くじと血液型の関係

問題

山本さんは友人の川田さん、谷村さん、星野さんとお金を出し合って、宝くじを買うことにしました。ある雑誌を読んだところ、1000万円以上の高額当選者の血液型の割合は次のとおりだとわかりました。

A型……40%
O型……30%
B型……20%
AB型 …10%

山本さんの血液型はＡ型。川田さんはＯ型で、谷村さんはＢ型、星野さんはＡＢ型です。さて、誰が宝くじを買うのが、当選確率が最も高いでしょうか。

Question

Answer

Question 3 の

解答

確率は全員同じ

解説

これは日本人の血液型の割合とほぼ同じです。

よって、1000万円以上の高額当選をしている人の血液型を調べた結果が、この数字になるのは当然のことと言えます。

ちなみに銀座の宝くじ売り場は高額当選者がよくでますが、これは単純に買いに来る人が多いため、そのぶん当たる人も多いというだけのことです。

Question 4

「宝くじで1等を当てる方法」の誘い

問題

株で大損をして、借金を抱えたSという男がいました。Sが居酒屋でやけ酒を飲んでいると、常連のYが近づいてきて言いました。「金に困ってるんだって？
俺、ジャンボ宝くじの1等を100％当てる方法を知ってるんだよ。大丈夫、法にはふれないから逮捕されることなんてありえないから」。さらにYは続けます。「俺に100万円払えば、その方法を教えてやるぜ。さあ、どうする？」
Sは Yの誘いに乗るべきでしょうか？

Answer

Question 4 の

解答

Yの誘いに乗ってはいけない

解説

宝くじは1000万枚が1つのセット（1ユニット）になっています。ですから1等を100%の確率で当てるには、1ユニット1000万枚全てを購入する以外に方法はありません。ちなみに1ユニット買えば、1等どころか2等以降のの当たりも100%総取りできます。

とはいえ、ジャンボ宝くじは1枚300円なので、これを1ユニッ ト1000万枚全て購入するためには30億円必要です。そして、賞金を全て総取りしたとしても、総額は約14億円程度。約16億円赤字になるうえに、手数料を100万円取られるのですから、この話に乗ってはいけないのです。世の中、おいしい話はそうそうありません。

そもそも、100%当てる方法を知っているＹは、自ら借金をして宝くじを購入したとしても破格の金額を儲けることができます。わざわざ他人の100万円など当てにする必要はありません。

Question 5

今日は何定食？

問題

秀雄さんの会社の近くに、人気の定食屋があります。この定食屋で出すランチは1種類だけ。秀雄さんの大好物である鶏のから揚げ定食か、苦手としている鯖の塩焼き定食です。どちらが出てくるかはお店に入るまでわからず、気弱な秀雄さんは店に入ったら注文せずに出ることができません。

定食屋の常連である会社の同僚たちに聞いたところ、今日まで5日連続で鶏のから揚げが出たとのこと。さて、明日、秀雄さんが定食屋を訪れた際、鶏のから揚げと鯖の塩焼きのどちらが出てくる確率が高いでしょうか？

Question

Question 5 の

解答

どちらの出る確率も1/2で同じ

解説

コインの表裏に置き換えてみるとわかりやすいでしょう。コインを投げたとき、5回でも500回でも連続で表が出たからといって、次に裏が出やすいとは限りません。

Question 6

ホステスは美人かブスか

問題

会社の同僚と2人で飲んでいたときのこと。一軒目を出て道を歩いていると、クラブの客引きに声をかけられました。「いま、ちょうどホステスが2人ヒマしてるんです。安くするから飲んでいってくださいよ」。値段を聞くとかなり安いので、2人はそのクラブへ行くことに。店へと歩いている途中、友人が言いました。「なあ、飲み代を賭けて勝負しないか。ホステスが2人とも美人か、2人ともブスだったら俺の勝ち。1人は美人、1人はブスだったらお前の勝ちだ」。

この賭けは有利だから、したほうがいいのでしょうか？

Answer

Question 6 の

解答

勝つ確率も負ける確率も同じ1/2。
よって、有利だから賭けをした方が
いいとは言えない

解説

2人のホステス（AとB）の組み合わせは、次の通りになります。

①AもBも美人

②AもBもブス

③Aは美人、Bはブス

④Aはブス、Bは美人

このうちAもBも美人あるいはブスなのは4通りのうち2通りなので、確率は2/4＝1/2です。全く互角の賭けということになりますね。もちろん、自分と同僚の審美眼が同様ならば、という前提ですが（笑）。

Question 7

５年先の将来

問題

大学2年生のＡさんは、優しく責任感が強い性格で、将来の夢は小学校の先生になることです。自分のためというより、社会のためになることをしたいと願っており、災害地のボランティア活動などにも積極的に取り組んでいます。

そんなＡさんは5年後に、次のどちらである確率が高いでしょうか？

① 小学校の先生になっている

② 小学校の先生をしながら、時々ボランティア活動をしている

Question

Answer

Question 7 の

解答

① 小学校の先生になっている

解説

②の『小学校の先生をしながら、時々ボランティア活動をしている』は、ボランティア活動をしているという要素が含まれているだけ、確率が低くなります。

それでも直感的には2の可能性の方が高いと思う人が多いのではないでしょうか。

Question 8
結婚式の招待客選び

問題

正春さんと翔子さんは、最近、入籍をしたばかりの新婚カップル。結婚式の会場や日取りも決まり、後は招待状を送るだけというところで、重大なミスに気がつきました。席が99席しかないのに、100人を招待する予定になっていたのです。

すぐ会場に電話をしましたが、席はこれ以上増やせないとのこと。そこで急きょ、招待客を100人から99人に絞ることになりました。このときの選び方は何通りあるでしょうか。

Answer

Question 8 の

解答

100通り

解説

10C人から99人を選ぶというのは、100人から残りの1人を選ぶ場合と結果的には同じこと。ですので100通りが正解です。もっとも、これは計算上の話。実際はどうしても招待客からはずせない人がいるでしょうから、100通りよりずっと少なくなるでしょう。

LEVEL 1 | LEVEL 2 | LEVEL 3 | LEVEL 4 | 超難問

Question 9

今晩の夕飯を賭けて

問題

お母さんと一緒にスーパーへやってきた晃一くんと健二くんの兄弟。食料品売り場でお母さんが言いました。「今日のお夕食は、2人の好きなものにしましょう」。晃一くんは「ハンバーグがいい！」と言い、一方の健二くんは「オムライスがいい！」とゆずらず、兄弟はケンカを始めてしまいました。

すると、お母さんは「ケンカするなら2人でジャンケンして決めなさい。でも、時間がないからジャンケンは1回だけ。勝ち負けが決まらなかったら、お夕食はパパの好きなお刺身にするわよ」。

ハンバーグ、オムライス、お刺身、今日の夕飯のメニューになる確率が最も高いのは？

Question

Answer

Question 9 の

解答

どれも同じ1/3の確率

解説

ジャンケンの手の出し方はグー、チョキ、パーの3通り。2人がジャンケンするときの組み合わせは3×3で9通りになります。このうち、1回で勝負がつかない＝アイコになるのは3通り、晃一くんor健二くんが勝つ確率もそれぞれ3通りで、確率は全く一緒。

Question 10

盗まれた自転車

問題

会社に自転車通勤している吉田さんは、60万円も出して高級自転車を買いました。翌日、さっそく吉田さんはその自転車で通勤。盗まれたらたまらないので目立たない場所に自転車を置き、鍵もしっかりとかけました。ただの鍵ではありません。チェーンソーでも壊せない3ケタのダイヤル式の鍵です。ところが、自転車はその日のうちに盗まれていました。「防犯対策は完璧だったのに……」と落ち込む吉田さん。でも、本当は自転車は盗まれても不思議ではなかったのです。なぜでしょうか？

Question

Answer

Question 10の

解答

3ケタのダイヤル式の鍵は、短時間で開錠することができるから

解説

3ケタのダイヤル式の鍵は、各ケタごとに0〜9まで10通りの番号があり、数字の組み合わせは10×10×10＝1000通りです。1/1000と考えれば途方もない確率ですが、実際はひとつの数字を試すのに1秒程度しかかかりません。最大で1000秒、すなわち16分40秒で鍵は開いてしまいます。実際の開錠時間はこれよりもっと短く、半分の8分程度で開いてしまうこともあるでしょう。自転車は目立たない場所に置いてあったので、盗む時間は十分にあったというわけ。3ケタのダイヤル錠はそれほど安全ではないのです。

COLUMN

統計の雑学①

日本の家は
ウサギ小屋なのか？

「日本の家はウサギ小屋のように狭い」と言われることが多い。だが、本当にそうなのか？　「世界の統計 2011」（総務省統計局）で発表している世界各国の１戸あたりの平均床面積を見ていこう。

まずは日本だが、1戸あたり平均床面積は83.0平米。では、「家が広そう」というイメージのあるアメリカはというと、209.2平米。日本の軽く2倍以上はある広さだ。

ちなみに、ヨーロッパ主要国のデータは次のとおり。スペイン＝93.6平米。ドイツ＝109.3平米。フランス＝118.6平米。1戸あたりの平均床面積では、どの国も日本より広いことがわかった。

しかしである。これはあくまでもその国の平均値。地価の高い大都市と、地価の低い地方では、家の規模が大きく異なる。

「平成 25 年住宅・土地統計調査」（総務省統計局）によれば、都道府県別平均のトップである富山県は 152.2 平米で、ヨーロッパ各国の平均値を大きく上回った。一方、東京の１戸あたりの床面積は 64.5 平米。世界各国の平均に比べて、さらに狭い。「日本の家はウサギ小屋のように狭い」というのは、半分正解で半分誤りと言うべきだろう。

大人の確率ドリル

LEVEL 2

LEVEL 1 | LEVEL 2 | LEVEL 3 | LEVEL 4 | 超難関

Question 11

子供たちの笑い声

問題

あなたの家の隣には、男子生徒数200人、女子生徒数200人の小学校があります。皆が仲良しの学校なのか、学校は笑いが絶えません。笑い声をあげる生徒を5人調べたとき、次の3つの組合せの中で最も確率が大きいものはどれでしょうか。

①男　男　男　男　男
②女　男　男　女　男
③女　男　女　男　女

Question

Question 11 の

解答

どの組み合わせも同じ確率

解説

笑う生徒が男子か女子かは等しい確率だとすれば、笑い声をあげる生徒が男子か女子かの確率は1/2。よって、どの組み合わせも1/2を5回掛け合わせた1/32になります。どの組み合わせも同じ確率ですね。

Question 12

当選確率 10/1000のクジ

問題

ある夏の夜、お祭りにやってきた山田くんはクジ屋さんの前で足を止めました。なんと当たりの賞品が、交際中の恵さんが欲しがっているブランド物のバッグだったからです。当たりクジの割合は1000枚のうち10枚。クジは1回100円で、山田くんの財布には1万円入っていますから100回引くことができます。さて、このクジを100回引いたとき当たる確率は次のうちのどれでしょうか？

① 約24%　② 約41%　③ 約63%
④ 約85%　⑤ 100%

Question 12の

解答

③ 約63%

解説

1000枚に10枚当たりが入っているとはいえ、100回引けば必ず1回当たるとは限りません。では、当たる確率が1/100のクジを100回引いたとき、少なくとも1回当たる確率を求めてみましょう。

まず、1回引いてはずれる確率（この場合99%＝0.99）を100回かけます。

0.99の100乗≒0.366

よって、100回引いたとき、少なくとも1回当たる確率＝1－100回すべてはずれる確率＝1－0.366＝0.634となり、答えは約63%となります。

Question 13

婚活パーティーでの大勝負

問題

29歳の独身ＯＬ吉岡さんは、ある婚活パーティーに参加しました。そこで目をつけたのが、35歳の開業医でイケメンの桐村さん。当然ライバルは多く、吉岡さんを含めて10人の女性が彼に群がりました。

そしてパーティーは最後の告白タイムへ。男性側が気に入った女性2人だけに、連絡先を教えてくれるのです。10人の中から2人が選ばれる時、吉岡さんが選ばれる組み合わせは何通りあるでしょうか？

Question

Answer

Question 13 の

解答

9通り

解説

吉岡さんが選ばれたと仮定すると、あとは9人の中から1人を選べばよいので9通りになります。

ちなみに、10人の中から2人を選ぶとき吉岡さんが選ばれる確率は、9/45＝1/5です。（10人から2人を選ぶ組み合わせは、10×9÷2＝45通り）

LEVEL 1 | **LEVEL 2** | LEVEL 3 | LEVEL 4 | 超難関

Question 14

新しいパートナーは誰になるか？

問題

シンクロナイズドスイミングの選手である奈穂美さんは、オリンピック出場権がかかるアジア選手権を1カ月後に控えています。練習に明け暮れていたある日、長年2人でがんばってきたパートナーが交通事故で全治2カ月のケガを負いました。奈穂美さんは急きょ新しいパートナーを探すことに。候補はA子、B子、C子の3人で、最終的にコーチが奈穂美さんの新しいパートナーを決定します。A子とB子はよいのですが、C子とは性格も呼吸も全く合わないのでペアになりたくありません。奈穂美さんがC子とペアにならなくてもよい確率は？

Question

Answer

Question 14の

解答

2/3

解説

奈穂美さんがペアになるのは、A子、B子、C子の3通り。そのうちC子とペアにならないで済むのは、A子、B子とペアになった場合なので、2/3となります。

Question 15

姉妹か、それとも……

問題

Aさん夫婦に子供が2人います。そのうちの1人が女の子だとすると、もう1人も女の子である確率は？

Question

Answer

Question 15の

解答

1/3

解説

「男の子か女の子しかいないんだから、答えは1/2でしょ」と思った人は間違いです。

まず、子供が2人いて1人が女の子である場合を考えてみましょう。

女女（姉妹）、男女（兄妹）、女男（姉弟）

この3通りだけです。このうち、もう1人が女の子なのは姉妹の場合だけですから、確率は1/3となります。

セクシーな声の正体は？

問題

山本くんはアパート日の出荘の1階に今日引っ越してきました。2階には3つの部屋があり、それぞれ次のような人たちが住んでいることを大家さんから聞いています。

201号室　新婚夫婦
202号室　会社員の兄弟
203号室　大学生の姉妹

翌日、山本くんが部屋にいると、宅配便が2階のいずれかの部屋を訪ねました。応対した女性の声がとても色っぽくて、山本くんはついドキドキしてしまいました。さて、宅配便が訪ねた部屋に新婚夫婦が住んでいる確率は？

Question

Answer

Question 16の

解答

1/3

解説

女性の声がしたので、この部屋には女性が住んでいることがわかります。女性は201号室の妻か、203号室の姉妹の3人のうちの1人です。

よって宅配便に応対したのが201号室の妻である確率は1/3、203号室の姉妹である確率は2/3になります。

Question 17

新しい給料の払い方

問題

ビジネス界の革命児として知られる堂本さんは、自身の経営する会社でこれまでにはない全く新しい給料制度を導入することに決めました。給料は日給とし、次の受け取り方のどちらか好きな方法を社員それぞれが選べるようにしたのです。

① 出社した日は1万円受け取る
② 出社した日の終業後にコイン投げをして
　表なら2万円、裏なら5000円を受け取る。

この会社に長期間勤める予定ならば、どちらの方法で給料をもらったほうがおトクになるでしょうか？

Question

Answer

Question 17 の

解答

②のコイン投げをして受け取る方がおトク

解説

コイン投げをした時にもらえる日給の期待値（期待金額）は、2万円×1/2＋5000円×1/2＝1万2500円です。

長く勤めていればいるほど、受け取り額の平均値はこの期待値に近づいていくので、日給1万円を受け取る場合より、1日あたり平均2500円がトクになります。

Question 18

超能力でじゃんけん？

問題

超能力を研究しているある研究所に、スーツ姿の男性が訪ねてきました。「あの、わたし、超能力がありまして、必ずじゃんけんで5人連続3回あいこにできるんですよ」と、その男性。対応にあたった新人研究生は「そんなしょぼいの超能力でもなんでもないですから」と男性を追い返しました。

しかし、その一部始終を聞いた超能力研究所の所長は大激怒したそう。一体どうしてでしょうか？

Answer

Question 18の

解答

じゃんけんで5人連続3回あいこにするのは、
超能力と呼んでもいいほど
奇跡的な確率だから

解説

2人でじゃんけんをした時の2人の手の出し方は、3×3=9通り。そのうちあいこになるのは3通りなので、あいこになる確率は3/9=1/3です。

3回連続あいこになる確率は、1/3×1/3×1/3=1/27。これを5人連続ということは1/27の5乗で、約1400万分の1というとほうもなく低い確率です。これを必ず成功させるというのですから、超能力と呼んでしまっていいでしょう。

Question 19

自転車事故の確率

問題

A市で夜間の自転車事故に関する調査をした結果、事故を起こした自転車のうち60%がライトを点灯していませんでした。

この結果から夜間にライトを点灯していない自転車の方が、事故を起こす確率が高いと言えるでしょうか？

Question

Answer

Question 19 の

解答

必ずしもそうとは言えない

解説

この調査結果だけで、夜間にライトを点灯していない自転車の方が事故を起こす確率が高いとは言えません。

なぜなら、夜間に道を走っている自転車のうち何%がライトを点灯していないかはわからないからです。

ライトを点灯していない自転車1000台が60件の事故を起こすのと、ライトを点灯している自転車200台が40件の事故を起こすのとでは、事故率がまるで違います。

フェアな勝負をするには

問題

1枚のコインを投げて、表が出るか裏が出るかの賭けをすることになりました。しかし、相手の用意したコインが、表と裏のどちらかが出やすくなっていることがわかりました。このコインを使用して公平な勝負をするためにはどうすればいいでしょうか？

Answer

Question 20の

解答

コインを2回投げた時の出方（表、裏）か
（裏、表）のどちらかに賭ける。
2回とも表か裏の時はやり直しをする

解説

表か裏のどちらかが出やすくなっているとしても、そのコインを2回投げた時の出方、（表、裏）もしくは（裏、表）の確率は同じになるため、公平な賭けができます。

COLUMN

統計の雑学②

お金をより稼ぐなら野球とサッカーどっちがいい？

あなたが運動神経抜群の子供を持つ親ならば、きっと一度は考えたことがあるはずだ。「息子がスポーツのプロ選手になったら、どのくらい稼げるのだろうか」と。日本の2大プロスポーツである野球とサッカーの年俸をもとに比較していこう。

まずプロ野球だが、平均年俸は3678万円（2014年日本プロ野球選手会調べ）だという。それに対してJリーグの平均年俸は2150万円（2015年スポーティング・インテリジェンス社調べ）だった。ただし、これは日本国内に限った数字。グローバル社会の現在、世界にも目を向ける必要があるだろう。

野球の本場アメリカのメジャーリーグでは、平均年俸が約4億8000万円（2015年大リーグ選手会調査）。

サッカーの本場イングランドのプレミアリーグは平均年俸が約3億2700万円（2015年スポーティング・インテリジェンス社調べ）と、平均年俸はそれぞれ日本の10倍以上という高額ぶりだ。

国内外ともに野球の方が平均年俸は高いが、プロリーグの数ではサッカーの方が圧倒的に多くチャンスもある。子供にどちらを選ばせるかは、結局適正次第ということか。

大人の確率ドリル

LEVEL 3

Question 21

この中に、お医者様はいらっしゃいますか!?

問題

あなたが飛行機に乗っていると、隣の乗客が突然うめき声をあげながら倒れました。ＣＡさんが駆けつけてひと言。「乗客の中にお医者様はいらっしゃいませんでしょうか!?」。ドラマや映画でおなじみの光景が実際に起こった場合、医者が同じ飛行機に乗っている確率（統計データによるもの）は次のうちどれでしょうか？

① **2%**
② **29%**
③ **48%**
④ **66%**

Question

Answer

Question 21の
解答

③の48%

解説

ピッツバーグ大学の研究論文によると、急病人が発生した飛行機に医者が乗り合わせている確率は48%でした。およそ2回に1回ですから、かなり高い確率ですね。

また、急病人発生時に看護師が同じ飛行機に乗っている確率は28%だそう。(同研究による)

ちなみに飛行機内での急病人発生は604便に1便の割合で起きるとのこと。

残り物には福があるのか？

問題

N物産には今年10人の新入社員が入り、その中から社員旅行の幹事を決めることになりました。幹事には特別ボーナスが出るとあって、新入社員全員が立候補。そこで、クジ引きで決めることになりました。10本の棒のうち1本に印がついていて、それを引いた人が幹事になれます。

このとき、クジを最初に引くのと最後に引くのとでは、どちらが当たり（印のついた棒）を引く確率が高いでしょうか？

Answer

Question 22 の

解答

最初の人も最後の人も、どちらも当たりを引く確率は同じ1/10

解説

最初の人が当たりを引く確率は当然1/10です。2番目の人が当たるためには、最初の人がはずれてくれないと当たることはないので、最初の人がはずれる確率×2番目の人が当たる確率＝9/10×1/9＝1/10になります。

同様に、くじを引く順番に関係なく当たる確率は1/10で同じです。

Question 23

3択をヤマカンで答えたら

問題

小田くんは志望校の入学テストを受けています。試験方式は3択のマークシート。ここまでかなりよい手ごたえです。しかし時間をかけすぎてしまったせいで、残り時間はあと1分しかないのに問題が10問も残っています。さて、小田くんが残りの10問を全てヤマカンで答えた場合、少なくとも1問正解する確率は次のどれでしょうか？

① **18%**
② **38%**
③ **58%**
④ **78%**
⑤ **98%**

Question

Answer

Question 23 の

解答

⑤の98%

解説

10問の3択問題を全てヤマカンで答えて、全部間違う確率は$(2/3)^{10}≒0.017$（約2%）しかありません。

よって、少なくとも1問以上正解する確率は98%。選択問題の試験は、ヤマカンでも答えておいた方が絶対によいということですね。

淡い恋の物語 Part.1

問題

A太郎くんは、大学のマドンナであるB子さんに片思いをしていました。そんなある日、A太郎くんは友人のC男くんの発案でB子さん、D美さんと4人で映画を観にいくことに。席は横一列で、クジで座り場所を決めることになりました。A太郎くんがB子さんの隣に座れる確率はどれくらいでしょうか？

Question 24の
解答

1/2

解説

4人の並び方は、全部で4×3×2×1＝24通りあります。A太郎くんとB子さんが隣同士になる確率を求めるには、まずA太郎くんとB子さんを1人と考えて3人の並び方を考えます。

3人の並び方は3×2×1＝6通りあります。ABの並びは逆になってもいいので、2人が隣同士になるのは6通りの倍の12通りになります。よって、A太郎くんとB子さんが隣同士になる確率は24通りのうち12通りなので、求める確率は12/24=1/2となります。

LEVEL 1 | LEVEL 2 | **LEVEL 3** | LEVEL 4 | 超難関

Question 25

淡い恋の物語 Part.2

問題

D美さんは、同じ大学に通うA太郎くん、B子さん、C男くんと4人で映画を観た帰りに、食事へ行きました。場所はちょっと奮発して高級中華。円形のテーブルを囲む4人席です。D美さんはひそかに想い続けていたA太郎くんと隣の席になりたくて仕方ありませんが、恥ずかしくて自分から隣に行くことができません。そこで神様に「どうかA太郎くんの隣にしてください」と祈りました。

D美さんの願いが神様に届いて、A太郎くんの隣の席になる確率は、どのくらいでしょうか？　座る場所が異なっていても座っている並び順が同じならば同じ座り方と考えます。

Question

Answer

Question 25 の

解答

2/3

解説

まず、全部で何通りの座り方があるかを考えます。これを円順列といいます。下図のように全部で6通りの座り方があります。

①	②	③
A D　B C	A C　B D	A D　C B

④	⑤	⑥
A B　C D	A C　D B	A B　D C

このうちD美さんとA太郎君が隣同士なのは4通りなので、隣同士になる確率は4/6＝2/3になります。

Question 26

同じ誕生日になる確率

問題

寛子さんは大学に入学して、テニスサークルに入りました。メンバーは寛子さんを含め、男30人、女30人の計60人。その中の一人である勝彦先輩と話したとき、寛子さんと同じ誕生日だということがわかりました。「たった60人しかいないのに誕生日が一緒なんて奇跡だ。これって運命だよ！」という勝彦さんの言葉に胸を打たれた寛子さんは、彼と付き合うことになりました。さて、2人の誕生日が同じ月日だったのは、本当に奇跡だったのでしょうか？

Question 26の

解答

奇跡どころか、
60人いたら同じ誕生日の人がいて当然

解説

同じ誕生日の人がいる確率を計算するときは、最初に誰も誕生日が同じではない確率を計算します。例えばＸさんの誕生日がＹさんと異なるのは、365日からＸさんの誕生日である1日を引くだけ。365-1＝364日となり、364÷365の数式でＸさんとＹさんの誕生日が違う確率を割り出せます。

3人目のＺさんを追加してみましょう。Ｚさんの誕生日がＸさんともＹさんとも違うということは365－2＝363日のいずれかということで、確率は363÷365で求められます。この3人の誕生日が異なる確率は（364÷365）と（363÷365）を掛けて、その数字を全体数である1から引くことで求められます。

これを繰り返していくと、23人いるときに同じ誕生日の人がいる確率が50.7%となり、40人で89.1%、そして57人で99.0%となります。奇跡でもなんでもありませんね。

Question 27

競馬で大勝負をするなら

問題

　直人さんはある無頼派小説が学生時代から大好きで、社会人になったら主人公のマネをしようと決めていました。そのマネとは、初任給全てを競馬の1レースに賭けること。サラリーマンになった直人さんは競馬場へ行き、初任給すべてを賭けることにしました。買う馬券の候補と倍率は次の3つです。

① **単勝　18倍**
② **馬連　170倍**
③ **3連単　3400倍**

　レースは18頭立てです。確率的に考えて、最もおトクな馬券はどれでしょうか？

Question

Answer

Question 27 の

解答

② 馬連　170倍

解説

まずは3つの馬券候補それぞれの当たる確率を出していきましょう。

まず単勝ですが、レースは18頭立てなので当たる確率は1/18です。馬連の組み合わせは153通り（18×17÷2）で、当たる確率は1/153。3連単の組み合わせは4896通り（18×17×16）で、当たる確率は1/4896。

馬連だけが唯一、当たる確率よりも倍率が高いのでおトクな馬券ということになります。

Question 28

お願い！ 受かって！

問題

遼子さんは高校3年生の受験生で、3つの大学を受験する予定です。第一志望は、合格率30%の名門女子大。第二志望の大学は共学で合格率40%、そして滑り止めは合格率50%の短大です。遼子さんがこれら3つの大学のうち、少なくとも1校に合格する確率は、次のうちどれでしょうか？

① **約50%**　② **約60%**　③ **約70%**
④ **約80%**　⑤ **約90%**

Answer

Question 28の
解答

④ 約80%

解説

まず最初に、遼子さんが3校とも不合格になる確率を求めます。

3校とも全て不合格になる確率＝0.7×0.6×0.5＝0.21

よってどれか1校に合格する確率は、1−0.21=0.79すなわち約80%です。

LEVEL 1 | LEVEL 2 | **LEVEL 3** | LEVEL 4 | 超難問

Question 29

幸せの黄色いハンカチ

問題

大滝さんは先月別れた元恋人のことが今も忘れられません。そこで大滝さんは、昔流行した映画をヒントにしました。自分をまだ好きだったら黄色いハンカチを、忘れたかったら白いハンカチを、もう顔も見たくないほどイヤなら表が黄色で裏が白のハンカチを飾ってくれという手紙を送ったのです。

それから数日後、大滝さんは元恋人の住むマンションへ行きました。ベランダに見えるハンカチの色は黄色でしたが、このハンカチが表裏ともに黄色である確率はどのくらいでしょうか？

Question

Answer

Question 29 の

解答

2/3

解説

ハンカチの色が黄色なので、このハンカチは表裏ともに黄色か、表が黄色で裏が白のどちらかです。この2枚のハンカチのうち、黄色い面は3つ。そのうち表裏ともに黄色いハンカチは2面とも黄色なので、ベランダにかかっているハンカチは表裏ともに黄色である確率は2/3になります。

Question 30

不幸の後には幸せが舞い込むのか

問題

大学生の榎本くんは自転車に乗っていて車にはねられました。幸いにも無傷でしたが、その4カ月後、またも車にひかれて左足を骨折。入院することになりました。お見舞いにきた恋人の愛実さんに、榎本くんは言いました。「1年間に2回も事故に遭うなんて、とんでもない確率だ。悪いことの次はいいことがあるはずだから、宝くじを買えば1等が当たるに決まってる。1年間で2回も交通事故なんて、それくらいの確率なんだからね」

そして榎本くんは愛実さんにジャンボ宝くじを100枚買うよう3万円を渡しました。愛実さんは、榎本くんの言葉を信じて宝くじを買うべきでしょうか？

A.買う　　B.買わない

Question

Question 30の

解答

B. 買わない

解説

悪いことが起きたからといって、宝くじの当選確率が上がることはありません。

仮に悪いことが起きたぶん宝くじが当選しやすくなるとしても、榎本くんが1等を当てるのは難しいでしょう。

まず、ジャンボ宝くじの1等当選確率はというと、1/1000万です。それを100枚買うと、当選確率は100倍の1/10万になります。

それに対して交通事故はというと、2015年だけで53万6899件が起きています。日本の総人口が約1億2700万人ですから、1年間普通に暮らしていて交通事故に遭う確率は、1億2700万÷53万6899で1/236です。これが2回起こるということは、その確率は1/236の2乗で1/5万5696。1年に2回も事故に遭うのはとても不幸なことですが、ジャンボ宝くじ1等に当選する幸運に比べたらたいしたことのない確率です。3万円は宝くじを買うのではなく、豪華な食事を2人で楽しむなどした方が、幸せになれる確率はよっぽど高いでしょう。

COLUMN

統計の雑学③

人間を最も多く殺している動物はいったい何か？

山の中ならばクマ、砂漠ならサソリ、海の中ならサメといったように、人類にとって脅威となる動物は、この地球に多くいる。では、今あげたこれらの動物が、人間の命を最も多く奪っているかといえば、実はそうではない。

たとえばサメ。世界で1年間にサメによって殺される人の数は、なんとたったの10人である。これに対してゾウは、年間に100人も人を殺している。

すなわち、サメよりもゾウの方が10倍も危険な動物であるということなのだ。ちなみにライオンの年間殺人数も100人なので、その脅威の度合いは、ゾウとだいたい同じくらいということになる。

しかし、世界にはまだまだ怖い動物が他にいる。その生物と年間の殺人数は次のとおり。

カバ……500人、ワニ……1000人、回虫……2500人、ツェツェバエ……1万人、犬……2万5000人、蛇……5万人。

そして最も人を殺している動物はというと、実は人間……と思った人も多いだろうが、年間47万5000人で2位である。栄えある（？）1位は「蚊」。蚊が運ぶ病原菌によって、実に年間72万5000人もの人命が失われているのである。

※出典元「世界保健機構」「国際連合食糧農業機関」などの調査

大人の確率ドリル

LEVEL 4

Question 31

友人からの挑戦

問題

　ある日、あなたは友人からゲームを挑まれました。ゲームの内容は次のとおりです。あなたの目の前には裏返しになった5枚のカードがあり、それぞれ1～5までの数字がひとつだけ書かれています。このうちの3枚をあなたが選びます。左から順番にカードをめくって3ケタの数字を作り、左から123とキレイに並べばあなたの勝ちというもの。

　ゲーム料は1回1000円。勝てば5万円をもらえるという勝負です。あなたはこの勝負をすべきでしょうか、それともしないほうがよいのでしょうか？

Answer

Question 31の
解答

勝負しないほうがよい

解説

1枚目のカードが「1」になる確率は、1/5。2枚目のカードが「2」になる確率は1/4。3枚目のカードが「3」になる確率は1/3。「123」とキレイにならぶ確率はこれらを掛けわせればよいので、1/5×1/4×1/3＝1/60となります。60回に1回しか成功しない確率ということは、1000円賭けるなら6万円の賞金で釣り合いが取れるということ。5万円の賞金では賭けるだけ損なので、勝負すべきではないということになります。

Question 32

アイドルグループの新メンバーは誰？

問題

人気アイドルグループ「Summer Eye」から、2人のメンバーが卒業。新たな補充メンバー候補は、スタイル抜群のお姉さん系2人と、かわいらしい妹系2人の計4人。

プロデューサーはファン投票によって、このうち2人を正式メンバーに加えると発表しました。とはいえ、プロデューサーは新メンバーのうち少なくとも1人は妹系にしたいと考えています。プロデューサーの思惑どおり、新メンバーに妹系が1人以上選ばれる確率は？

Answer

Question 32の
解答

5/6

解説

4人（A～D）から2人を選ぶ選び方は、A＆B、A＆C、A＆D、B＆C、B＆D、C＆Dの6通りです。

新メンバー2人のうち少なくとも1人が妹系であるというのは、2人とも妹系か、1人は妹系で1人はお姉さん系ということ。つまり、2人ともお姉さん系ではないのと同じです。

2人ともお姉さん系になる選び方は1通りしかないので、少なくとも1人が妹系である選び方は5通りになります。よって、少なくとも1人は妹系になる確率は5/6です。

Question 33

野球部監督の思惑

問題

A高校野球部の監督は、レギュラー9人の打順をどうするか悩んでいました。そんなある日、「いっそのこと9人の打順を試合ごとに変えて、どの打順が最もよいのか確かめてから決めよう！」と思い、女子マネージャーにそう伝えました。

ところが、女子マネージャーはハァ～っと深いため息をつき、そしてひと言。「監督、そんなことは不可能です」。一体どうしてでしょうか？

Question

Answer

Question 33 の

解答

時間がかかりすぎるから

解説

9人の打順は全部で362,880通りもあります。

9人の打順＝9×8×7×6×5×4×3×2×1＝36万2880（通り）

仮に毎日1試合したとしても、全ての打順を試すためには約994年かかります。ですから女子マネージャーは、不可能だと言ったのです。

Question 34

日本シリーズが最終戦までもつれ込む確率は？

問題

明日から日本シリーズを控えて、意気上がる東京パンサーズ。チームの万年二軍投手である笹崎投手に、コーチが声をかけてきました。「笹崎、もしも日本シリーズが7戦目までもつれ込んだら、お前に投げてもらうぞ」。なんでも一軍投手にケガが相次ぎ、選手が足りないのだというのです。笹崎投手は頭を抱えました。（ぼくが投げても、絶対打たれて負ける。どうか日本シリーズが6戦目までに決着がつきますように）。笹崎投手の願いむなしく、日本シリーズが最終戦までもつれ込む確率は、次のうちどれでしょうか？

① 72%　　② 55%　　③ 31%

Question 34 の

解答

③の31%

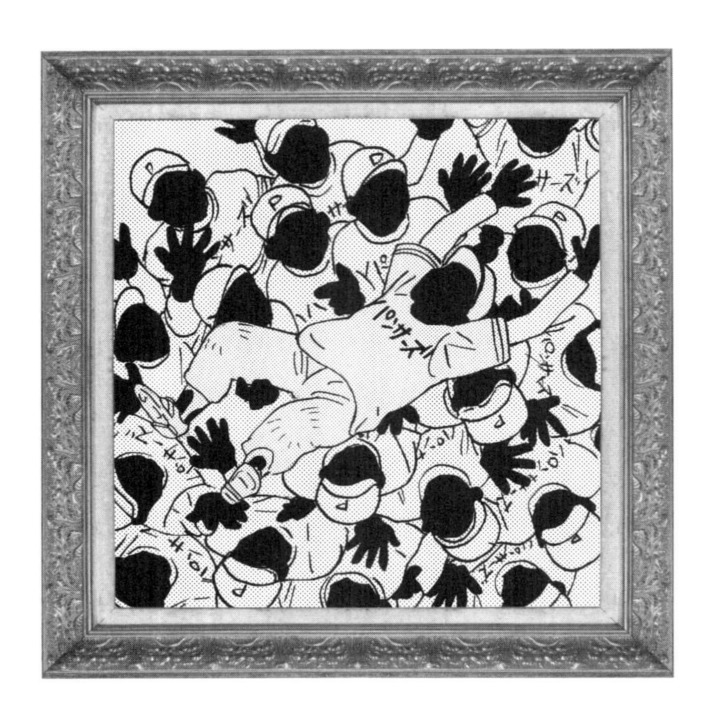

解説

対戦する2つのチームの力が互角（勝率が同じ）とした場合は、31%の確率で第7戦目までもつれ込みます。つまり、約3年に1回は最終戦までおこなわれることになりますね。ちなみに7戦目のチケットを持っていて、それより前に決着がついたときにはチケット代が払い戻しとなりますから、31%という確率に左右されることはありません。

Question 35

ロシアンルーレットで生き延びろ！

問題

あなたはHさんとロシアンルーレット対決をすることになりました。使用するのは弾倉6つのリボルバー拳銃。弾丸は隣り合った弾倉に連続して込めましたが、あなたもHさんも、どの弾倉に弾丸が入っているかはわかりません。

先にHさんが自らのこめかみに引き金を引きました。……セーフ！　次はあなたの番です。さて、次のどちらの行動のほうが、生存確率が高いでしょうか？

① そのまま引き金を引く
② 弾倉を回してから引き金を引く

Question

Answer

Question 35 の

解答

① そのまま引き金を引く

解説

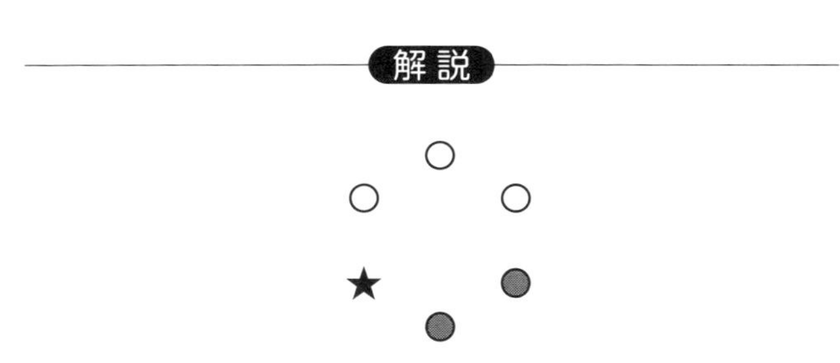

弾倉が時計回りとすると、次に引き金を引いた時に弾丸が出るのは、1発目が★の位置だった時だけ。

弾丸が入っていない穴は4つあるので、2回目に弾丸が出る確率は1/4。つまり、『①そのまま引き金を引く』は3/4=9/12の確率で助かります。

それに対して『②弾倉を回してから引き金を引く』だと、6つの穴のうち4つが空砲なので、助かる確率は4/6=8/12。よって、『①そのまま引き金を引く』が正解となるのです。

Question 36

お年玉を多く得るには？

問題

隆司くんのおじさんは変わり者で、お年玉の渡し方もユニークです。お年玉をもらうためのルールは、次のとおりです。

① 隆司くんは4つのポチ袋から、好きなものを1つだけ選ぶことができます。

② 4つのポチ袋に入っている金額はそれぞれ異なりますが、具体的な金額はわからない。

③ 4つのポチ袋の中から好きな封筒を順番に選んでいき、中の金額を確認。そのつどその金額を受け取るかどうかを決める。いやならパスしてもかまわない。

隆司くんが最も高い金額のお年玉をもらうには、どんな方法をとればよいでしょうか？

Question 36 の

解答

解説のような方法をとります

解説

最初に選択したポチ袋は、金額を確認しただけでパスをします。次に選択したポチ袋の金額が最初のポチ袋より高ければ、それを獲得。低ければパス。

2つのポチ袋をパスした時は、3つめのポチ袋の金額が最初の2つよりも高ければ獲得。低ければパス。3つのポチ袋をパスした場合は、最後のポチ袋を獲得する。

この方法だと、最も高額なポチ袋を獲得できる確率は約46%、2番目に高額なポチ袋を獲得できる確率は約29%、3番目に高額なポチ袋を獲得する確率は約17%、最も低い金額のポチ袋を獲得する確率は約8%です。

Question 37

初心貫徹すべきか否か

問題

保険のセールスで全国11位になった大石さんに、『もうすぐベストテン』の奨励賞が贈られることになりました。プレゼントはA、B、Cの3つの箱に入っています。ひとつはスイス製の高級腕時計、残りふたつは5000円ぶんのお食事券です。

最初に大石さんはAの箱を選びました。すると社長はBの箱を開けました。中身はお食事券です。そして社長は言いました。「大石さん、きみに箱を変えるチャンスをあげよう。どうする、変えるかね？」

大石さんはCの箱に変えたほうがよいのでしょうか？　それとも、Aの箱のままがよいのでしょうか？

Question

Answer

Question 37の

解答

Cの箱に変更した方がよい

解説

3つの箱のうちの1つに腕時計が入っているので、どの箱を選んでも腕時計が当たる確率は1/3です。

ですので、大石さんが選んだAの箱に腕時計が入っている確率も1/3。残りのBまたはCの箱に腕時計が入っている確率は2/3です。

次にBの箱を開けてみると、中にはお食事券が入っていることがわかりました。BまたはCの箱に腕時計が入っている確率は2/3でしたから、Bにお食事券が入っていることがわかった時点で、Cの箱に腕時計が入っている確率が2/3になったということです。

よって、Aの箱に腕時計が入っている確率は1/3で、Cの箱に腕時計が入っている確率は2/3となり、大石さんはCの箱に変更した方がよいということになります。

Question 38

報われない麻雀の役

問題

麻雀の確率問題です。

1ハン役（最も獲得点数の低い役）なのに、役満（最も獲得点数の高い役）と出現確率がほぼ同じの、報われない役は何？

① イーペーコー
② リンシャンカイホー
③ チャンカン

Answer

Question 38の

解答

③ チャンカン

解説

この役の出現確率は0.05%で、最も出やすい役満である四暗刻とほぼ同じです。それなのに1ハン役は最低1000点で、役満は3万2000点と、実に32倍の開き。役を成立させる難易度は相当高いのに点数だけは低い報われない役なんです。

Question 39

アイドルと結婚できる確率

問題

アイドルオタク歴40年の長谷川さんは、50歳を過ぎていまだ独身。そんなある日、長谷川さんはオタク仲間の友人に言いました。「ボク、どうしてもお嫁さんが欲しい。だから、好きなアイドル全員にプロポーズのファンレターを送るよ！」。

すると友人はため息をつきました。「バカだな、アイドルがお前を好きになってくれる確率なんて、どれだけ高く見積もってもせいぜい1％ってところだ。アイドルと結婚するなんて、無理無理」。

長谷川さんが手紙を送ろうと考えているアイドルの人数は、有名無名、新旧あわせて500人。もちろん全員が結婚できる年齢です。さて、長谷川さんが誰でもいいからアイドルと結婚できる確率はどれくらいでしょうか？

A. 約30％
B. 約50％
C. 約75％
D. 約99％

Question

Answer

Question 39の

解答

D. 約99%

解説

確率1%程度の物事を450回繰り返すと、約99%の確率になります。物事はあきらめないことが肝心で、それは恋愛においても同様です。ただし、フラれた相手に450回も告白し続けるとストーカー扱いされるのは確実なので、くれぐれもご用心を。

Question 40

どちらが有利？ ジャンボ宝くじとお年玉年賀ハガキ

問題

ジャンボ宝くじとお年玉年賀はがき。それぞれの当選賞金だけで100万円を獲得しようと思ったら、確率的に見てどちらの方がおトクでしょうか？

Answer

Question 40の

解答

ジャンボ宝くじ

解説

まずはジャンボ宝くじから見ていきましょう。ジャンボ宝くじは3等賞金がちょうど100万円で、当選確率は1/10万です。ですから3等の100万円を確実に当てようと思ったらジャンボ宝くじ10万枚ぶん＝3000万円が必要な計算になります。

一方、お年玉年賀はがきは1等賞金10万円で、当選確率は1/100万です。ですので、10万円を当てようと思ったら、ハガキ100万枚ぶん＝5200万円が必要になります。目指す賞金は100万円なので、さらに10倍して5億2000万円ぶん買わないといけない計算になります。

このことから、100万円を狙うなら約17倍もジャンボ宝くじがおトクだということがわかります。

COLUMN

統計の雑学④

誰もが気になる夜の○○のお話

コンドームでおなじみの相模ゴム工業株式会社のサイト「ニッポンのセックス」では、日本の性事情に関する調査結果が多数発表されており、これが実に興味深い。

たとえば、若い時分は誰もが気になったであろう「初体験の年齢」について。60代の人は男性が21.1歳、女性が22.2歳であるのに対し、20代の人は男性が18.9歳、女性が18.5歳となっている。この統計から、日本国民は初体験を迎えるのが早くなり、とりわけ女性は昔に比べて「大人」になる年齢が低下しているということがよくわかる。

同サイトでは都道府県別の経験人数ランキングを発表しており、1位に輝いたのは高知県であった。自由人である坂本龍馬を生んだ地だけあって、性に対しても奔放なのだろう……というのは、ほんの冗談。同ランキングの2位、3位が沖縄県、愛知県であることから、経験人数の早さは、その地域が海に面しているかどうかが大きく関係している可能性があると言えるかもしれない。

ちなみに日本人の年間セックス回数は48回（デュレックス調べ）だが、これは年間164回で世界1位のギリシャの1/7にあたり、世界最低。忙しすぎる仕事のせいなのか、コミュニケーション能力不足なのか、その原因はわからないが、このことからも少子高齢化が進むことが確実なのが見て取れる。

大人の確率ドリル

LEVEL 5

Question 41

サイコロの問題①

問題

　サイコロを4回振って6の目が少なくとも1回出る確率と、2個のサイコロを24回振って6のゾロ目が少なくとも1回出る確率ではどちらが大きいでしょうか？

Question

Answer

Question 41の

解答

4回振って6の目が
少なくとも1回出る確率

解説

サイコロを4回振って6の目が少なくとも1回出る確率は、
＝1-4回とも6以外の目が出る確率
＝1- $(5/6)^4 \fallingdotseq 0.518$

それに対して、24回振って6のゾロ目が少なくとも1回出る確率は、
＝1-24回すべて6のゾロ目以外の目が出る確率
＝1- $(35/36)^{24} \fallingdotseq 0.491$

となるので、4回振って6の目が少なくとも1回出る確率の方が大きい

Question 42
サイコロの問題②

問題

　サイコロを4回振る時、すべて6が出る確率は？
また、少なくとも1回6が出る確率は？

Question 42の

解答

すべて6が出る確率は、1/1296
少なくとも1回6が出る確率は、671/1296

解説

4回とも6が出る確率は、
1/6×1/6×1/6×1/6＝1/1296

少なくとも1回6が出る＝1-すべて6以外の目（1，2，3，4，5）が出る確率ということ。
＝1-5/6×5/6×5/6×5/6＝1-625/1296＝671/1296

Question 43

サイコロの問題③

問題

2個のサイコロを1回振る時、出た目が連続する整数である確率は？

Question

Question 43の

解答

5/18

解説

　まず、2つのサイコロをa、bと区別します。
目の出方は6×6＝36通りです。

1、2、3、4、5、6で連続する2つの整数の組合せは、
{1、2}、{2、3}、{3、4}、{4、5}、{5、6} の5通り。
　それぞれに対して、サイコロを区別すると2通りずつの目の出方があるので、合計5×2＝10通り。
　よって、求める確率は、10/36＝5/18となります。

Question 44

ギャンブルに必勝法はある!?

問題

競馬のように、勝った場合の払戻金の倍率が2倍以上になるギャンブルの必勝法はあるでしょうか？

Question 44の

解答

ある

解説

「負けたら2倍の金額を賭けて、勝つまでそれを続ける」という必勝法があります。

例えば最初に100円を賭けて負けたら、次は200円を賭け、それも負けたら次は400円賭ける……ということを繰り返します。これが「マーチンゲイル法」と呼ばれるギャンブル必勝法。

負け続けても最後に勝てば最初の100円は必ず儲かります。勝った場合にはまた100円から同じように賭けをスタートするという方法です。

ですから、勝つまで負け続ける間の軍資金が必要になります。はじめの軍資金が潤沢であればあるほど勝負できる回数は増えます。ちなみに、オッズが2倍の場合はどこで勝っても最初の賭け金と同じ 100 円の儲けにしかなりませんが、勝った場合のオッズがさらに高い場合、大きな金額になります。逆にオッズが2倍を切った場合は、儲けが出ない場合があります。

Question 45

ベルトランの箱

問題

区別がつかない3つの箱があり、どれも2つの引き出しがあります。3つの箱にはそれぞれ次のように金貨と銀貨が合計2枚入っています。

2つの引き出しに金貨が1枚ずつ入っている。

2つの引き出しに金貨と銀貨がそれぞれ1枚ずつ入っています。

2つの引き出しに銀貨が1枚ずつ入っています。

いま、1つの箱を無作為に選んで、一方の引き出しを開けたら金貨が入っていた。この箱のもう一方の引き出しに金貨が入っている確率は？

Question

Answer

Question 45の

解答

2/3

解説

問題の3つの箱をそれぞれA、B、Cとする。3つの箱から1つ選び、1つの引き出しを選ぶ確率は次の4通り。

① **Aを選んで金貨が出る確率　1/3×1=1/3**

② **Bを選んで金貨が出る確率　1/3×1/2=1/6**

③ **Bを選んで銀貨が出る確率　1/3×1/2=1/6**

④ **Cを選んで銀貨が出る確率　1/3×1=1/3**

すると、「一方の引き出しを開けたら金貨が入っていた」のは①または②。その上で、「この箱のもう一方の引き出しに金貨が入っている」のは①なのでその確率（条件付き確率）は、1/3÷（1/3+1/6）=2/3となります。

Question 46

誕生月が同じサークルメンバー

問題

ヤマダくんはテニスサークルを作ろうと考えています。このサークルにおいて、2人以上の誕生日が同じ月になる確率が1/2より大きくなるために何人以上の人が集まればよいでしょうか。

Question

Answer

Question 46の

解答

5人以上

解説

n人の誕生日の月がすべて異なる確率をpnとする。

2人以上の誕生日が同じ月になる確率＝

$1-pn>1/2$　より　$pn<1/2$

2人の誕生日の月がすべて異なる確率p2＝

$1\times 11/12=11/12$

3人の誕生日の月がすべて異なる確率p3＝

$1\times 11/12\times 10/12=110/144$

4人の誕生日の月がすべて異なる確率p4＝

$1\times 11/12\times 10/12\times 9/12\fallingdotseq 0.573$

5人の誕生日の月がすべて異なる確率p5＝

$1\times 11/12\times 10/12\times 9/12\times 8/12\fallingdotseq 0.382<1/2$

よって、5人以上。

Question 47

４ケタの数

問題

4ケタの数（1000から9999まで）から1つを無作為に選んだとき、その数に同じ数字が2つ以上含まれている確率は？

Question

Answer

Question 47の

解答

62/125

解説

1000から9999までの数字の総数は、9999-1000+1＝9000（通り）ある。

選んだ数に同じ数字が2つ以上含まれない、すなわち数字がすべて異なる場合の数は、

千の位は1から9までの数字から選ぶので9通り

百、十、一の位は残りの9つの数字から3つを選ぶ順列で9×8×7＝504通り

であるから、9×504＝4536通り

よって、同じ数字が2つ以上含まれない確率は、4536/9000＝63/125

したがって、求める確率は、1-63/125＝62/125

2枚のカード

問題

ここに1枚のカードが伏せられてあります。

カードはスペードかハートのどちらかです。したがって、カードがどちらかである確率は1/2です。

ここにスペードのカードを伏せて合わせて2枚にします。2枚のカードをシャッフルして、1枚引いたらスペードでした。

残されたもう1枚のカードがスペードである確率は？

Answer

Question 48の

解答

2/3

解説

この試行を40回おこなうことを考えてみます。

カードを加えた時、40回のうち20回は「ハート+スペード」、残り20回は「スペード+スペード」となります。

さて、20回の「ハート+スペード」のうち半分の10回ではスペードが引かれ、ハートが残されることになります。

そして、20回は「スペード+スペード」の場合、20回ともスペードが引かれ、スペードが残されることになります。

はたして、40回のうちスペードが引かれるのは10回+20回で30回です。この中で、スペードが残されているのが20回、ハートが残されるのが10回です。

したがって、残されたもう1枚のカードがスペードである確率は20回/30回で2/3です。

Question 49

3択問題をデタラメに答えて正解する確率

問題

3択問題（3つの選択肢から正答1つを選ぶ問題）が5題ある。すべてにデタラメに答えるとする。

（1）全問不正解する確率は？
（2）3題以上正解する確率は？

Question 49の

解答

(1) 32/243　(2) 17/81

解説

1題が正解する確率は1/3、不正解する確率は2/3。

(1) 全問不正解になる確率は、$(2/3)^5$＝32/243

(2) 3題以上正解するのは、

3題だけ正解する場合

4題だけ正解する場合

5題正解する場合

のいずれかである。それぞれの確率は、

${}_5C_3 \times (1/3)^3 \times (2/3)^2$＝40/243

$C_4 \times (1/3)^4 \times (2/3)^1$＝10/243

$(1/3)^5$＝1/243

よって、求める確率は、40/243＋10/243＋1/243＝51/243＝17/81

Question 50

ルーレットで儲ける確率

問題

1から36までの36種類の数字と0と00の合計38種類の数字があるルーレットで、1つに1ドルを賭けて当たったら、1/38の確率で36倍の36ドルになって返ってくる。この1ドルずつの賭けを105回やって儲けが出る確率は？

ちなみにこの賭けは1回あたり平均して1/38×36ドル＝0.947ドルの儲け、すなわち約5セントの損になります。

Question

Question 50の

解答

約52%

解説

105ドルを投じて105回の賭けのうち3回当たりを出せば、36ドル×3＝108ドル返ってくるので差引3ドルの儲けになります。

よって、3回以上当たる確率を求めればよいことになります。余事象は当たる回数が0回、1回、2回の3通りだけですから、これらを計算して1から引けばいいでしょう。

0回当たる確率　$(1/38)^0 \times (37/38)^{105}$

1回当たる確率　$105 \times (1/38)^1 \times (37/38)^{104}$

2回当たる確率　${}_{105}C_2 \times (1/38)^2 \times (37/38)^{103}$
$= (105 \times 104) / 2 \times (1/38)^2 \times (37/38)^{103}$

求める確率
$= 1 - (1/38)^0 \times (37/38)^{105} - 105 \times (1/38)^1$
$\times (37/38)^{104} - (105 \times 104) / 2 \times (1/38)^2$
$\times (37/38)^{103} \fallingdotseq 0.524$

COLUMN

統計の雑学⑤

宝くじに当たりやすいのってどんな人？

宝くじの1等に必ず当たる方法はあるが、そのためには損をしてしまう。このことは問題の中でふれたが、では、正攻法で高額当選しやすい人はいるのか。「宝くじ公式サイト」では、統計としてそれらの特徴を挙げている。ちなみにここでいう高額当選者とは、宝くじ公式サイトにならって、1年間に1000万円以上の当選金を受け取った人のこととする。

高額当選者の男女比は、65.2%と34.8%で男性の方が多い。年齢では60歳以上が最も多い46.5%だった。

職業は会社員が1位で、37.4%。イニシャルは男性なら「T.K」（例：キムラ・タロウ、コバヤシ・タクミ）が1位。最も多く高額当選者を出した星座はみずがめ座の約10%だ。

買い方としては、賞金の多いジャンボだけという人が36.5%、購入枚数は30枚というのが最も多かった。

このことから、イニシャルが「T.K」の60歳以上の男性で、星座はみずがめ座の会社員が、ジャンボ宝くじを30枚買うと当選確率が高いということになる。

とはいえ、これはあくまでも統計上の数値。宝くじは余裕資金の中で楽しみながら買うのがよさそうだ。

Extra Questions

おまけの1問

問題

5人でじゃんけんをする。

A）1回だけじゃんけんをしたとき、ちょうど2人が勝つ確率は？

B）1回だけじゃんけんをしたとき、あいこになる確率は？

AとBの確率として正しいものを、次の3つの中から選べ。

① **10/81**

② **10/27**

③ **1445/59049**

Question

Aの

解答

① の10/81

解説

5人の手の出し方は全部で3×3×3×3×3通り。

勝つ2人の組合せは、${}_5C_2$＝5×4/2×1＝10通り。

勝つ手は3通り。

よって、求める確率は10×3/3×3×3×3×3＝10/81となる。

Bの

解答

②の10/27

解説

1回のじゃんけんであいこになる確率＝1-1回のじゃんけんで勝者と敗者が出る確率。1回のじゃんけんで勝者と敗者が出る場合は次の4通り。

1人勝ち（4人負け）の場合、どんな手で勝つかが3通り、
どの1人が勝つかで$_5C_1$＝5通り。
2人勝ち（3人負け）の場合、どんな手で勝つかが3通り、
どの１人が勝つかで$_5C_2$＝5×4/2×1＝10通り。
3人勝ち（2人負け）の場合、どんな手で勝つかが3通り、
どの1人が勝つかで$_5C_3$＝$_5C_2$＝10通り。
4人勝ち（1人負け）の場合、どんな手で勝つかが3通り、
どの1人が勝つかで$_5C_4$＝$_5C_1$＝5通り。

よって、1回のじゃんけんで勝者と敗者が出る確率
＝3（5+10+10+5)/3×3×3×3×3＝10/27。
したがって、1回のじゃんけんであいこになる確率
＝1-10/27＝17/27となる。

あとがき

さて、ごくごく簡単なものから、超がつく難問、さらにおまけの１問まで、大人のための確率ドリルはいかがだったでしょうか。

言うまでもなく人生は選択の連続です。どちらを選ぼうとたいした違いのない選択がある一方、一生を左右するような選択もあります。「えいやっ！」とその時の勢いで決断を下す人もいるでしょうが、多くの人は立ち止まり「さて、どちらにすべきかな？」と考えることでしょう。

その際、役に立つのが確率です。確率は裏目に出ることこそあれ、決して嘘をつくことはありません。人間は自分の気持ちを押し殺したり、不利だとわかっているのにそちらを選んだりすることがあります。そういう意味では、本当に信頼できるのは自分ではなく、確率であると言えるかもしれません。

とはいえ、すべてがすべて確率に従え、ということではありません。自分の意志や周りの人の気持ちも考慮しつつ、確率を頼れるサポートとする。それが大人の確率との付き合い方なのではないでしょうか。

監修・**桜井 進** さくらい すすむ

サイエンスナビゲーター®
1968年山形県出身
東京工業大学理学部数学科卒業
同大学大学院社会理工学研究科価値システム専攻卒業
株式会社「sakurAi Science Factory」代表取締役

在学中から予備校講師として教壇に立ち、数学や物理を楽しく分かりやすく生徒に伝える。

2000年、日本で最初のサイエンスナビゲーターを名乗り、数学の歴史や数学者の人間ドラマを通して数学の驚きと感動を伝える講演活動をスタート。東京工業大学世界文明センターフェローを経て、現在に至る。

小学生からお年寄りまで、誰でも楽しめて体験できるエキサイティング・ライブショーは見る人の世界観を変えると好評。世界初の数学エンターテイメントは日本全国で反響を呼び、テレビ出演、新聞、雑誌などに掲載され話題になっている。

『面白くて眠れなくなる数学』『超・超面白くて眠れなくなる数学』(ともにPHP研究所)、『感動する!微分・積分』(朝日新聞出版)など著書多数

HP http://www.ssfactory.net/

編著・**開発社**

2012年、編集プロダクションとしての事業を開始。書籍やムックを中心に、日本文化、大人の趣味、音楽、食、旅など幅広いテーマの本を手掛ける。

HP http://www.kaihatu-sha.com/

人生を間違えないための
大人の確率ドリル
2017年1月27日　初版第1刷発行

[監　　修]　桜井 進
[編　　著]　開発社
[装　　丁]　杉本 龍一郎（開発社）
[イラスト]　野澤 裕二
[問題作成協力]　野口 哲典
[画　　像]　Shutterstock

[発 行 者]　揖斐 憲
[発 行 所]　夏目書房新社
〒150-0043
東京都渋谷区道玄坂1-22-7　道玄坂ピアビル5F
電話03-6427-8872　FAX 03-6427-8289
http://www.natsumeshinsha.com/
[発 売 所]　垣内出版
〒158-0098
東京都世田谷区上用賀6-16-17
電話03-3428-7623　FAX03-3428-7625

[印 刷 所]　シナノパブリッシングプレス

ISBN978-4-7734-1003-7